假如遇见蔡伦

影响世界的发明发现

洋洋兔 编绘

石油工业出版社

图书在版编目（CIP）数据

假如遇见蔡伦 / 洋洋兔编绘. — 北京：石油工业
出版社, 2022.10
　（影响世界的发明发现）
　ISBN 978-7-5183-5594-5

　Ⅰ.①假… Ⅱ.①洋… Ⅲ.①科学发现—世界—青少
年读物②创造发明—世界—青少年读物 Ⅳ.①N19-49

　中国版本图书馆CIP数据核字(2022)第167867号

假如遇见蔡伦

洋洋兔 编绘

策划编辑：王昕 黄晓林

责任编辑：王磊

责任校对：罗彩霞

出版发行：石油工业出版社

　　　　　（北京安定门外安华里2区1号 100011）

　　　　　网　址：www.petropub.com

　　　　　编辑部：(010)64523616　64252031

　　　　　图书营销中心：(010)64523731　64523633

经　　销：全国各地新华书店

印　　刷：河北朗祥印刷有限公司

2022年10月第1版　　2022年10月第1次印刷

889毫米×1194毫米　开本：1/16　印张：3

字数：40千字

定　　价：40.00元

（图书出现印装质量问题，我社图书营销中心负责调换）

前言

小朋友，你上下学搭乘什么交通工具呢？平常是打电话还是用电脑和朋友们联系呢？去超市买东西，你是用现金还是刷二维码支付呢？

生活中的这些东西，在你看来是不是特别熟悉和简单？其实，它们的出现可大有一番来头呢！

在很久以前，我们的祖先生活在大自然里，那时他们刚从古人猿进化而来，不会说话，只能靠采摘野果存活，没有厚厚的皮毛保暖，遇到稍微厉害一点儿的野兽就打不过，需要大家齐心协力才有机会捕猎成功。

古人通过观察思考，受雷电启发，发明了人工取火，用来烤熟食物和取暖；发明了石器，用来打猎、做活；发明了陶器，用来盛东西；还学会了种植，发展了农业，逐渐摆脱饥饿……

他们在一次次的合作中，发明了语言，让彼此更容易交流；因为出现了要记录事物的需求，就发明出文字、数字、纸张和印刷术等东西。我们现在出门可搭载的船、车、飞机，甚至日常生活离不开的电话、手机、电脑等物件，都是前人们绞尽脑汁发明出来的。它们给我们的生活提供了方便，让我们的生活越来越好，但你知道它们到底是怎么出现在这个世界上的吗？

本套书**精选了40个**对人类社会有着深刻影响的**发明发现**,

用可爱的图文、**多格漫画故事方式**,

深入浅出地讲述了人类**为什么需要**发明它们,

它们**是如何被**发明或发现的,

以及它们的原理是什么,

对人类**造成了怎样的影响**,

现在**又有哪些**应用等问题。

这并不是一套可以解决你所有疑惑的百科词典,但翻开这套书,

你将会从一个全新的角度,了解这些伟大的发明发现。

如果你也好奇,那就跟着朵朵和灿烂一起,去探索这些伟大的发明发现吧!

目录

开篇故事 2

石器 (约250万年前) 4

人工取火 (约40万年前) 8

语言 (约30万年前) 12

陶器 (约20000年前) 16

数字 (约20000年前) 20

农业 (约11000年前) 24

铜 (约9000年前) 28

文字 (约5000年前) 32

造纸术 (1900多年前) 36

火药 (1000多年前) 40

开篇故事

"叮咚叮咚——"

朵朵在外地进行科学考察的外公给她寄来了礼物！

3

石器 约 250 万年前

● 发明路径 发现石头坚硬 → 进行粗加工 → 做成各种工具 → 精细加工

在很久很久以前，原始人类和动物们一起生活在大自然中。和许多动物相比，人跑得慢、个子矮、力气小，也没有尖牙利爪，不光很难填饱肚子，每天还要面对猛兽的侵扰，生活得十分艰辛。

有了它，豺狼虎豹都不怕！

幸运的是，人类拥有一颗智慧的大脑，十分擅长学习和创造。

最早我们就是丢石头！

到了大约250万年前，人类发现石头非常坚硬，用它可以抵御猛兽的攻击，人类最早使用的工具——石器诞生了。

这一块行吗?

不是每一块石头都是石器啦!

石头在大自然鬼斧神工的创造下,每一块都形状不一,聪明的人类开始有意识地将石头进行加工,做成各种顺手的工具。

用硬石敲击

挑选石料

石料

石片

石器比木棍、兽骨更加坚硬耐用,又比金属更加容易获得,所以很快便成为人类得力的帮手。

砍肉很顺手哦!

用来加工工具也很不错!

石斧

削工具

砸东西要用石锤!

石锥

石锤

通过击打制造出的石器被称为打制石器。它的表面通常会留下击打的痕迹,比较粗糙。

使用打制石器为主的时代叫作旧石器时代,是人类以石器为主要劳动工具的早期。

旧石器时代:距今约300万年前开始,1万年前结束。

5

石器的发明大大地提高了人类的生存能力。

随着人类的不断进化，粗糙的打制石器渐渐地难以满足人类生存、生活的需要。

打制石器

到了大约1万年前，人类学会了用水和沙子将打制好的石器通过研磨，变成更加光滑锋利的工具——磨制石器。

通过磨制，人类可以轻松地在石器上打孔，用兽皮或藤蔓等将它固定在木棍上。这样，一柄坚固又好用的石斧就被制造出来了。

人类使用磨制石器的时期，叫作新石器时代。

新石器时代：距今约1万年前开始，大约在5000年至2000年前结束。

磨制石器

6

磨制石器制成的武器杀伤力很大，人类不仅能够用来保护自己，还可以捕获更多的猎物。

剥兽皮、剔兽骨曾是让人头疼的事，但人类有了磨制石器，一切都变得简单！

依靠石器，人类度过了200多万年。人类还利用石器创造出了房屋、衣服、农业等，石器对人类的发展具有重要作用。

古人类学家认为，人类的历史是从制造石器开始的。

工欲善其事，必先利其器。　——《论语》

人工取火 约 40 万年前

● 发明路径 观察偶然出现的野火 → 保存、应用野火 → 尝试人工生火 → 发明生火工具

人类最早通过观察由雷击或者暴晒造成的野火，领略了火的威力，开始使用火。
到了大约40万年前，人类已经可以人工取火了。
发现火的人非常伟大，发明人工取火的人更伟大！

钻木取火就是原始人类最常用的一种取火方式。

就这样，使劲儿搓！

硬木棒

钻木取火的升级版——弓钻

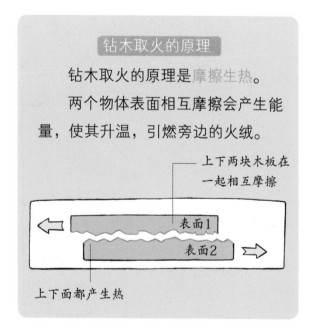

钻木取火的原理

钻木取火的原理是摩擦生热。

两个物体表面相互摩擦会产生能量，使其升温，引燃旁边的火绒。

上下两块木板在一起相互摩擦

表面1

表面2

上下面都产生热

手心好烫，该不会一会儿真着起火来吧？

手冷的时候，就用力搓！

火对于原始人来说，太重要了。有了火，人类就再也不用挨冻，还可以在夜里照明，抵御野兽，一些咬人的昆虫也会躲避火和烟。

更重要的是，火能够烤熟食物，让食物更可口、好消化；同时杀死了食物中的寄生虫和病菌，减少了人类生病的风险，促进了人脑的进化。

接下来我们看看不同时期，人们的取火工具吧。

火石

火绒

阳燧镜

火镰

聚光取火

周代时，人类使用阳燧镜将阳光聚集于一点来点火。

火镰

"火镰"历史久远，到了清朝，已成为居家出行的必备物品。它是由火石、火绒、火钢这三样东西构成的，只要将少许的火绒放在火石上，再用火钢撞击，顷刻间就能点着火。

击石取火

魏晋六朝，用铁片击打火石，使其发出火花来点火。

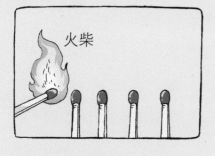
火柴

火柴

南北朝时期，人们将硫黄沾在小木棒上，借助于火种或火刀、火石，能很方便地把"阴火"引发为"阳火"，这可视为最原始的火柴。

打火机

1920年，法国人发明了第一个实用型打火机，人类的取火工具更加便捷。

打火机

安全提示

火虽然是人类必不可少的伙伴，但如果控制不好也会酿成灾难。小朋友没有家长的监督时，请不要玩火哦！

火的使用是人类早期最伟大的成就，同时也是人类文明演化的转折点，更是历史的一个重大突破。有了火，人类改造自然的能力发生了飞跃，可以说，没有火，就没有人类的发展。

火第一次支配了一种自然力，从而把人从动物界分离开来。

恩格斯

语 言 约 30 万年前

● 发明路径　动物间的交流方式 → 人类早期沟通方式 → 早期语言的形成
↓
现代语言的发展

任何动物都会与同伴交流，比如，小鸟鸣叫，鲸鱼吟唱，蜜蜂之间则会用曼妙的舞姿沟通。

我的！

这个骨头是我的！

它们在说啥？

不同于其他动物，人类使用"语言"来沟通交流。

语言出现之前，人类是怎么交流的呢？

哇！

呀！

？

早期的原始人，群居打猎、分配食物、对抗猛兽，经常通过表情、吼叫和手势动作来与同伴沟通交流。

然而，通过表情和吼叫能够传递的信息太有限了，无法满足人类的需要。

许多时候，打手势也发挥不了作用。

有大老虎？比画，继续比画！

那边有这么大的蘑菇！

啊——

凭借着聪慧的大脑，人类开始模仿着发出更复杂的声音。比如，人类模仿果子掉落地上的声音，就是提醒同伴，要去摘果子了。

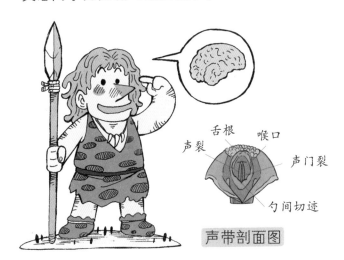

比如说，天黑或者是离得太远的时候，人类想用手势交流可就费劲了。

舌根　喉口
声裂　声门裂
勺间切迹

声带剖面图

有果子！

除了大脑，人类的声带构造也比动物要"高级"得多，可以帮助人类轻松地发出各种各样的声音。

到了大约5万年前，人类已经可以用很简单的语言来交流了。到了大约1万年以前，人类的语言已经发展得足够日常交流了。

语言的诞生，将人类从大自然中分离了出来，从此，人类走向了独立。

随着生存环境的变化和族群的壮大，人类开始不断地迁徙，活动范围变得越来越大。

渐渐地，不同族群和不同地方的人，形成了各自独特的语言。

现在，全世界语言有7000多种。其中，有6种主要语言，它们分别是汉语、法语、俄语、西班牙语、阿拉伯语和英语。

其中，英语的使用最广泛，有约60个国家把英语设定为官方语言。

在中国，使用人数最多的语言是汉语，国家通用语言是普通话。普通话是以北京语音为标准音，以北方话为基础方言的现代汉语。

汉语也是全世界使用人数最多的语言。全球大约有15亿人在使用汉语，约占全球人口的五分之一。

我会三种语言呢！

好厉害！

你好！
（汉语）

语言的诞生，促进了人们之间的交流与合作。借助语言，人们可以表达情感，交流经验，从而促进了人类社会的进步和文明的继承、传播与发展。

语言是赐予人类表达思想的工具。

莫里哀

有了语言，可以讲一个很长的故事。

Hola!
（西班牙语）

有了语言，大家可以开心地聊天了。

陶 器 约 20000 年前

● 发明路径　发现黏土 → 用黏土制作容器 → 发明陶土 → 窑烧陶器

石器可以做成用于切割的刀，但要想做一个可以装水的罐子，可就难了。

起初，人类尝试用叶子、贝壳或蛋壳做容器，但它们都不够结实耐用，分分钟就碎掉。

为了制造结实耐用的容器，人们开始了对新材料的探索。

木器盛水容易腐烂，骨器又装不了太多东西，为了解决这些难题，人类伤透了脑筋。

这时，人们注意到了一种神奇的泥土——黏土，可以将它加水后，捏成各种形状。

黏土是一种有黏性的土壤，水分不容易从中通过，具有可塑性。

16

黏土晒干后，就可以盛水了，只是非常易碎。

一次偶然的机会，人们把黏土扔到火里，被烧过的黏土变得更加坚硬、结实，比起自然晾干耐用不少。

干了之后居然变硬了！

烤个肉试试！

你在干什么呀！

烧烧看！

为了让陶器变得更加方便使用，智慧的人类开始在泥土中加入各种材料。

土里再加点儿什么，能让它更结实呢？

这次更硬啦！

这就是最初的陶器。

经过了无数次尝试，人们发明了陶土，用陶土烧制出来的器物就被称为陶器。

相比于之前制造的容器，陶器真的是太优秀了！它防水又耐火，不仅可以用来盛水，还可以放到火上用来煮饭。

陶土也很容易塑形，人们只需要把它和水按照一定比例混合，就可以用手捏出自己想要的形状。

除了直接用手捏出来这种方法，人们还常将陶土搓成长条，把它一点点盘起来，盘成自己想要的形状。

不仅如此，陶器还可以根据选用的材料的不同，被制造成各种各样的颜色和质地，即使烧制好后，也可以再在上面画上自己想要的图案。

陶器的烧制也很简单，只要把陶土做成的陶坯放进火堆里，就可以烧出美丽的陶器。

有了窑就是不一样！

再到后来，人类发明了专门用来烧制陶器的窑。窑内温度更高，烧制出的陶器更坚固，防水耐火的特性也更优越。

陶器一经发明就大受欢迎，得到了广泛应用，储存物品、蒸煮食物都离不开它。

陶土是人类发明出的第一种人工合成材料，在陶器的烧制过程中，还发生了有趣的化学变化，这对当时的人类来说，是相当了不起的成就。

噻！今天我可是个会陶艺的手艺师傅！

你在做什么呀？

陶器的发明，标志着人类可以从事除农业和狩猎以外的活动，是人类进步的重要标志。

白玉金边素瓷胎，雕龙描凤巧安排。
玲珑剔透万般好，静中见动青山来。

弘历（乾隆皇帝）

数字 约 20000 年前

● 发明路径　　产生计数需求 → 利用器物计数 → 发明计数符号 → 数字发展

数数对我们来说很简单，而在远古时期，这可是十足的"高科技"！

最初，人类并没有"数"的概念，只知道多和少，超过3就认为是很多了。

随着社会的发展，人类有了计数的需求，人们首先想到的是利用自己的手指和脚趾。

手指加脚趾，一共可以数到20，超过20怎么办呢？

别急，聪明的人类开始在骨头上划道道来计数，这就是最早的计数工具。

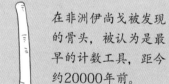

在非洲伊尚戈被发现的骨头，被认为是最早的计数工具，距今约20000年前。

古希腊《荷马史诗》中，讲了一个放羊的独眼巨人的故事。巨人每天用小石子来计算羊的数量，真是好办法。

还有用画图的方式来数，数量比较小时还好，一多可就难办了。

为了提高计数的效率，人类发明了计数符号，从此数字诞生了。

几大文明古国都有各自的数字符号，但都十分烦琐，不利于记忆和推广。让我们来看看这些数字吧。

3世纪时，古印度的科学家巴格达发明了现在的"阿拉伯数字"。

阿拉伯数字	1	2	3	4	5
中国古代	一	二	三	四	五
古巴比伦	𒁹	𒐖	𒐗	𒐘	𒐙
古印度	I	II	III	IIII	IIIII

其中数字"0"最特殊，它诞生于300多年后的628年，印度数学家婆罗摩笈多为"0"创设了一个符号，最初它只是个小豆点。

1300多年前，崛起的阿拉伯帝国征服了古印度。当阿拉伯人看到古印度的数字符号时，大为震惊。

为了让自己的国家也能用上这么好用的数字，阿拉伯人从古印度带走了很多数学家，包括巴格达，让他们教阿拉伯人使用古印度数字。

古印度数字好写、好记，不论是商人、学者还是百姓，都乐于用它来计数。

后来，阿拉伯人在古印度数字的基础上，发展出更实用的书写方式，并将古印度数字带到了欧洲，古印度数字也在欧洲流行开来。

欧洲人误以为这是阿拉伯人发明的，就给它起了个名字叫"阿拉伯数字"。值得一提的是，古代阿拉伯数字的形状与现代阿拉伯数字并不完全相同。

那么，在当时的中国，人们是怎么计数的呢？

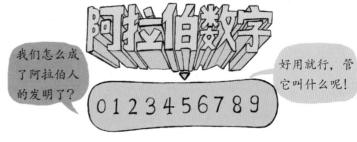

形式 \ 数字	1	2	3	4	5	6	7	8	9
纵式	I	II	III	IIII	IIIII	T	丌	丌	丌
横式	一	=	三	三	三	⊥	⊥	⊥	⊥

早在距今2000多年前的春秋战国时期，我国就已经出现了"算筹"计数法，分为横、纵两种形式。

数学真是伤脑筋！

早在唐朝时期，阿拉伯数字传入了中国，但当时并没有得到重视。

歪歪扭扭的，一点儿也不好看！

到了清末，中国才开始广泛使用阿拉伯数字。

123456789

如今，我们的生活中处处都离不开数字，从电话号码、商品价格到数学运算，数字都发挥了极大的作用。

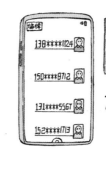

五花肉
50.77元

779 × 887 = ?

数字真是无处不在，它推动了人类的科技发展，是人类历史上伟大的发明之一。

数支配着宇宙。

毕达哥拉斯

农 业 约 11000 年前

● **发现路径**　发现植物种子 → 随意种植 → 优化种植方式 → 驯养家畜

在原始社会，人类以捕猎和采集野果为生，经常吃不饱、穿不暖，生活非常艰苦。

为了不再饿肚子，人类一直在寻找稳定的食物来源。

到了大约1万年前，人类发现了种子的秘密。种子落在地上，会长出植物，人类就留下自己喜欢吃的植物的种子，把它播种在地里。

就这样，伟大的农业诞生了。

最初，人们把种子随手扔在地上，任其自行生长，结果许多种子还没来得及生根发芽，就被风吹走、雨冲走、动物吃掉了。

后来，人们就用木棒在地上戳个坑，把种子丢进去，再盖上一层薄薄的土，播种效率提高了。

接着，效率更高的农具出现了。

渐渐地，人类根据积累的经验，不断增加新品种，筛选优质的种子来种植，收获越来越多了！

农具

| 麦子 | 黄豆 | 小米 | 玉米 | 大米 |

从此，人类不用再东奔西跑追逐猎物，开始了定居生活。这是人类第一次自己掌控了食物来源，在与自然的搏斗中，逐渐掌握了主动权。

有了粮食，抓到的野生动物就不急着吃了，人类把它们圈养起来，留着以后再吃。

这个时期，狗的祖先——狼，开始在人类定居的区域活动，捡食人类的残羹剩饭。

后来，在人类的驯化下，这些家伙就成了人类忠实的伙伴，成了捕猎的助手，还负责警戒、放牧。

就这样，人类的好朋友——狗，出现了。为了适应和融入人类社会，狗还进化出了消化淀粉（植物）的能力。

尝到了驯养狗的甜头以后，人类加快了驯养其他动物的步伐。从此，人类的朋友圈成员，不断丰富起来。

大约9000年前，人类把目光盯向了个儿大肉多的野猪，因为猪产仔多、长得快，人类就把它们圈养起来。

单粒小麦

大麦　绵羊　山羊

猪

11000年前

10000年前

9000年前

26

在驯化猪的同时，性情温和、力气大、产奶多的野牛也进入了人类的"宠物圈"。

大约6000年前，人类开始驯养马，最早只是为了吃马肉，喝马奶。

后来，人类发现马的性情温顺，跑得又快，还能听懂指令，于是马就开始被用作"交通工具"和"货运员"。

之后，人类又驯服了绵羊、山羊、鸡等动物，距离吃饱饭的目标越来越接近。

注：公元前2500年左右，人类驯服了猫。

农业是其他技艺的母亲和保姆，因为农业繁荣的时候，其他一切技艺也都兴旺。

色诺芬

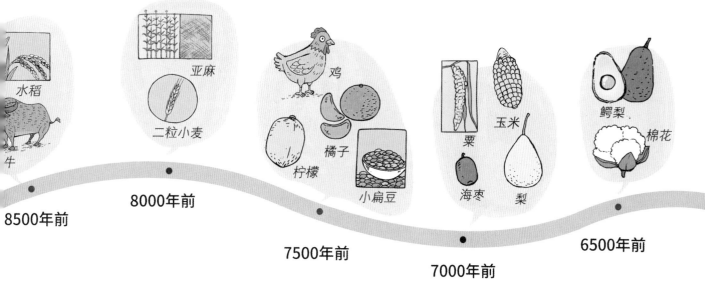

水稻

牛

亚麻

二粒小麦

鸡

柠檬

橘子

小扁豆

粟

海枣

玉米

梨

鳄梨

棉花

8500年前

8000年前

7500年前

7000年前

6500年前

铜 约 9000 年前

● 发现路径　石器难以满足人类需要 → 发现铜 → 冶炼铜 → 铜的应用

虽然石器已经是人类早期的"高科技"了，但是它有很多不足。

随着人类生活水平的提高，笨重、粗糙、易碎的石器，越来越难以满足人类的需要。

约9000年前，人类发现一些岩石中，夹杂着一些漂亮、闪闪发光的东西，这就是大自然中广泛存在的物质——铜。

与石器相比，天然铜的质地十分柔软，可以像橡皮泥一样，随心所欲地做成各种形状，还不容易破碎。

凭借着美观的特质，铜很快就成了人类的"宝贝疙瘩"，人类把铜加工成各种形状的小饰品，戴在身上作装饰。

可是，大多数的铜都"狡猾"地躲藏在矿石之中，人类就开始尝试把它们提炼出来。

铜在1083.4摄氏度才能熔化，为了达到这么高的温度，需要给点燃的木炭鼓风，使其充分燃烧。

1083.4摄氏度

孔雀石 + 🔥 = 紫铜

后来，人们又在铜里添加锡、铅等物质，炼出了更加坚硬耐用的青铜。

古人是怎么炼铜的呢？

一、将矿石砸成粉末，放入挖好的坑后，用木炭烧制；

二、将熔化的铜提取出，倒入模具中，就制作出想要的铜器啦。

成功了！我也会做铜器了！

随着炼铜技术的不断提升，青铜器的制作工艺也越来越复杂。

但是，铜在当时比较稀有，被贵族所垄断，称为"金"，可想而知铜有多"金贵"了吧！

这些都是我的宝贝！

除此以外，君主还常常用铜来奖赏大臣，或者发"工资"。

3000多年前，我国商周时期的青铜器已经十分精美。

随着人类冶炼技术的一步步发展，铜开始走进了寻常百姓的生活，酒器、农具、武器都能用铜来制作。直到清末，铜还大量用于制作货币。

隔手的金子不如到手的铜。　　　——法国民间谚语

文字 约 5000 年前

• 发明路径　用图画表示事物 → 图画简化为符号 → 文字出现 → 文字连接形成语句

语言出现以后，人类的沟通交流大大方便了。

　　然而，语言交流也有它的不足，比如难以将信息长时间保留，如果人的记忆出现偏差，语言传递的信息就会出错。

　记性不好的人可就难办了！

　是啊，万一中间有人出现意外，那么之前的经验也就随之失传了。

渐渐地，人类开始通过结绳、契刻，来记录和传播信息。

后来，人类尝试把观察到的事物画在洞穴的石壁上，这些图画得非常生动逼真，人们一看就知道是什么。这就是文字的雏形——图画文字。

无论是结绳还是契刻，都只能唤起人类对某种事情的回忆或想象，很难表达出自己的想法。

到了距今约5000年前，人类开始用简单的线条来代替复杂的图画，图画文字逐渐过渡到了象形文字。

很多文明古国都使用过象形文字，但这种文字在古埃及使用的时间最长。

同样是在约5000年前，生活在两河流域的苏美尔人已经在熟练地使用一种新的文字——楔形文字。

楔形文字最开始用于简单的农牧记账，渐渐有了更广泛的含义，在生活中的应用越来越多。

这种文字笔画一头粗一头细，长得就好像楔子，所以被称为"楔形文字"。

今年的收成比去年少，明年要更加努力。

这也能写下来？

这算什么，楔形文字能表达的意思多着呢！

世界上第一部完备的法典——《汉穆拉比法典》，就是用楔形文字编写的，距今约3700年。

汉穆拉比法典

3500多年前，腓尼基人在埃及圣书体象形文字的基础上，创造了腓尼基字母。最初，字母本身没有意义，只是作为发音符号。

如今通行的英文、法文和阿拉伯文等，都属于字母文字。

而在遥远的中国，流传着"仓颉造字"的传说。

相传在上古时期，有一位叫仓颉的部落首领，他把民间使用的图画文字收集、整理到一起，创造了一套象形文字。

到了距今3000多年的商朝，人们在龟壳、兽骨上契刻文字，甲骨文出现了。

甲骨文是中国目前所知的最早形成体系的文字。

经历了5000多年的发展演化，汉字才变成了今天的样子！

噫吁嚱，呜呼哀哉！

辛亏有了文字，历史才能被记录下来！

甲骨文（殷商时期）	金文（西周）	篆文（秦朝）	隶书（汉朝）	楷书（魏晋以后）
🐟	🐟	🐟	鱼	鱼
▢	◉	▯	日	日
木	木	木	木	木
马	马	马	马	马

汉字发展历史

有了文字，人类就有了书写语言的符号和交流信息的工具。所以说，文字是人类文明的重要标志，它的产生和演变见证并记录了世界文明发展历程。

上古结绳而治，后世圣人易之以书契，百官以治，万民以察。　　《周易》

造纸术 1900 多年前

● 发明路径　产生记录文字需求 → 纸的发明 → 改进造纸术 → 纸的应用

有了文字，人类终于能够有效地记录、传递信息。

可是，写在哪里最合适呢？我们的祖先在不断地尝试着。

老师，我来交作业了！

3000多年前的商朝，人们在龟壳、兽骨上写字。	商周至春秋战国时期，字被刻在青铜器、石头、玉上。	战国时期，用大量丝织物和竹简、木牍作为书写材料。
甲骨	石鼓文　青铜器	竹简　绢帛
古埃及人将文字写在莎草纸上。	欧洲及阿拉伯地区还会在羊皮和树皮上书写。	东南亚国家在贝叶上写字，传入中国的印度佛教经典也写在贝叶上。

不论是石头、龟壳还是竹简、羊皮，都不是最合适的记录文字的载体，因此读书写字成了极少数人的特权。

我是文盲。

我也一个字不认识……

汉武帝

不看了！手都翻累了！

据说汉武帝用两个月才读完东方朔写在3000片竹简上的书呢。

连皇帝都如此，老百姓更看不起书了！

到了东汉，一个叫蔡伦的宦官，决心改进已有的造纸术。

最开始的纸表面粗糙，用作书写并不方便。

模具

纸浆

晾干

这纸怎么行，我得想想办法，让它变得好用些！

蔡伦

老乡，你有没有什么主意？

发明新型纸首先要找到合适的原材料，不仅要价格低廉，更要结实耐用。为此，蔡伦到处向人请教。

试试用竹子做吧！

不论是渔网、竹子还是麻布，蔡伦都耐心地做着试验。

终于，在蔡伦的不懈努力下，他制造出了表面光滑、便于书写的纸。皇帝知道以后非常高兴，封蔡伦为"龙亭侯"，这种纸就被称为"蔡侯纸"。

皇帝诏令朝廷内外推广使用蔡侯纸。很快，蔡侯纸就代替了原来通行的竹简、帛，成为新的书写载体。

● 一张纸的诞生

① 斩竹漂塘

　　砍下竹子，放入水中浸泡、捣碎。

② 煮楻足火

　　把碎料放入大锅中煮，直到煮成纸浆。

③ 荡料入帘

　　等纸浆冷却，用竹帘把纸浆捞起来，过滤水分，做成纸膜。

④ 覆帘压平

　　把纸膜一张张叠好，用木板和石头压紧，把水分压出来。

⑤ 透火焙干

　　把压到半干的纸膜贴在炉火边上，烘干后揭下来，纸就做成啦！

● 当时大家都用这些纸张做什么呢?

记录粮食储备和赋税缴纳　　　制作雨伞　　　装订纸张成册书　　　大约在公元960年,
　　　　　　　　　　　　　　　　　　　　　　　　　　　　　　　中国开始使用纸币

到了3世纪以后,造纸术传播到了朝鲜、日本和越南等国,很快就在全世界流行起来。

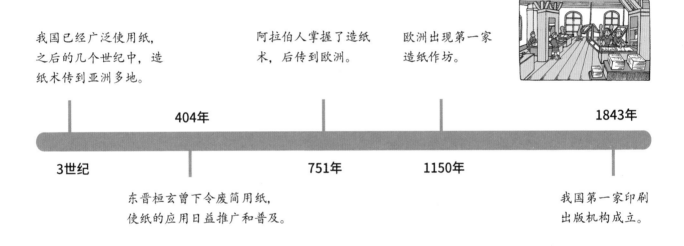

我国已经广泛使用纸,
之后的几个世纪中,造
纸术传到亚洲多地。

阿拉伯人掌握了造纸
术,后传到欧洲。

欧洲出现第一家
造纸作坊。

404年　　　　　　　　　　　　　　　　　　　　　1843年

3世纪　　　　　　　　751年　　　　1150年

东晋桓玄曾下令废简用纸,
使纸的应用日益推广和普及。

我国第一家印刷
出版机构成立。

作为中国古代四大发明之一,造纸术的发明与改进,直接导致了知识的快速传播,推动了整个人类社会文明的进程。

今天,纸张成了我们司空见惯的东西,我们很难想象如果没有纸,世界将会怎样。

麦克·哈特

火 药 1000 多年前

● **发明路径** 炼丹之术风行 → 偶然发明火药 → 研制火药 → 火药的应用

每到春节，家家户户都会放鞭炮，迎接新年的到来。

可你知道，看似不起眼的鞭炮为什么能够发出巨大的声音吗？

这其中的奥秘就是——火药。

老爷爷在做什么呢？

会不会是在火炉里烤鸭子呢？来让我凑近闻闻！

古代，劳动人民还在为了不饿肚子而努力的时候，那些衣食无忧的统治者已开始梦想着能长生不老。

朕要活千千万万岁，而且还要永远年轻！

统治者的需求，直接催生了一个新的职业——方士。他们炼制丹药，统治者希望吃了后能长生不老。

40

1000多年前的某一天，一个"倒霉"的方士偶然将硫黄、硝石和木炭放入炼丹炉中。没想到，丹药没有炼出来，却引发了爆炸。

侥幸死里逃生的方士非常不解，经过多次研究，他才明白，自己制造出了一种新的药剂——火药。

原来，硫黄、硝石和木炭混合在一起后，十分容易燃烧，同时还会释放出大量气体和能量，如果是在密闭的容器内，就会发生爆炸。

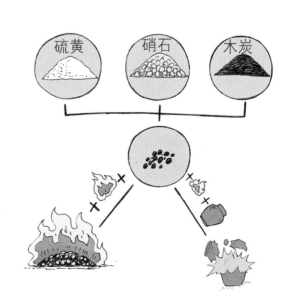

火药出现之前，士兵交战使用的武器是箭、盾、矛和弓，也称"冷兵器"，杀伤力较低。

火药发明后，立刻就成为军事家的"宝贝"，他们想方设法，让火药在军事中使用。

震天雷

一种火器，类似于手雷。

突火枪

南宋首创的火枪，在竹筒里装上火药，喷射子弹，最远射程约200米。

宋朝时，在战场上，人们在铁罐子里装满火药，点燃引信后抛掷使用。因为它爆炸的时候声音大如霹雳，就像天雷一般，所以又被称作震天雷。

饶命啊！

吃我一雷！

谁敢犯我大明?

三眼火铳

神机营士兵

到了明朝,火器越来越先进,威力也越来越强大。明朝还设立了一支专门使用火器的军队,名叫"神机营"。神机营的士兵手持三眼火铳,可以说得上是明朝的特种部队。

13世纪,火药传到阿拉伯国家,随后才传到欧洲。

近代科学兴起后,欧洲的兵器制造很快就走到了世界的前列,这才有了机关枪、迫击炮,甚至火箭、导弹之类的武器。

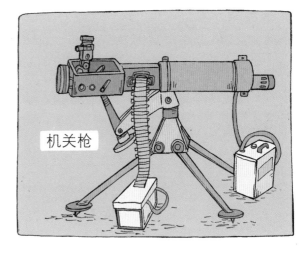

机关枪

导弹

作为中国古代四大发明之一,火药一方面被用于生产生活,比如开山、采矿等;另一方面被用于军事,导致了火器的产生和军事革命,大大加速了人类文明的历史进程。

恩格斯

在中国,还在很早的时期就用硝石和其他引火剂混合制成了烟火药,并把它使用在军事上和盛大典礼中。